U0363910

古代作物栽培

金开诚◎主编　孙秀秀◎编著

吉林出版集团有限责任公司
吉林文史出版社

图书在版编目（CIP）数据

古代作物栽培/孙秀秀编著. -- 长春：
吉林出版集团有限责任公司：吉林文史出版社，2009.12
(2018.1重印)（中国文化知识读本）
ISBN 978-7-5463-1705-2

I. ①古… II. ①孙… III. ①作物－栽培－农业史－
中国－古代 IV. ①S-092.2

中国版本图书馆CIP数据核字(2009)第237220号

古代作物栽培

GUDAIZUOWUZAIPEI

主编/金开诚 编著/孙秀秀
项目负责/崔博华 责任编辑/曹恒 于涉
责任校对/袁一鸣 装帧设计/曹恒
出版发行/吉林文史出版社 吉林出版集团有限责任公司
地址/长春市人民大街4646号 邮编/130021
电话/0431-86037503 传真/0431-86037589
印刷/北京龙跃印务有限公司
版次/2010年1月第1版 2018年1月第3次印刷
开本/650mm×960mm 1/16
印张/9 字数/30千
书号/ISBN 978-7-5463-1705-2
定价/34.80元

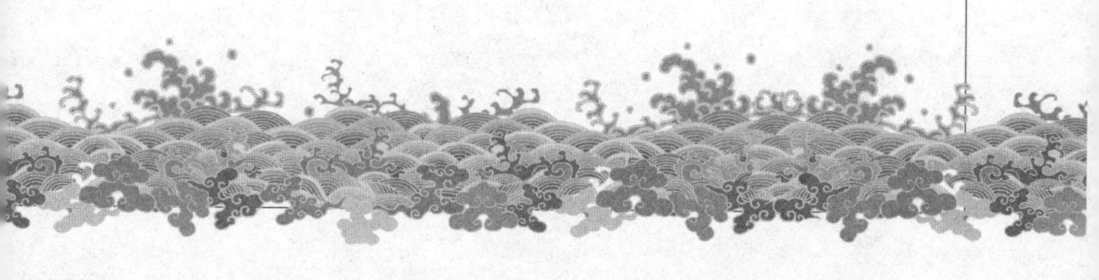

关于《中国文化知识读本》

文化是一种社会现象，是人类物质文明和精神文明有机融合的产物；同时又是一种历史现象，是社会的历史沉积。当今世界，随着经济全球化进程的加快，人们也越来越重视本民族的文化。我们只有加强对本民族文化的继承和创新，才能更好地弘扬民族精神，增强民族凝聚力。历史经验告诉我们，任何一个民族要想屹立于世界民族之林，必须具有自尊、自信、自强的民族意识。文化是维系一个民族生存和发展的强大动力。一个民族的存在依赖文化，文化的解体就是一个民族的消亡。

随着我国综合国力的日益强大，广大民众对重塑民族自尊心和自豪感的愿望日益迫切。作为民族大家庭中的一员，将源远流长、博大精深的中国文化继承并传播给广大群众，特别是青年一代，是我们出版人义不容辞的责任。

《中国文化知识读本》是由吉林出版集团有限责任公司和吉林文史出版社组织国内知名专家学者编写的一套旨在传播中华五千年优秀传统文化，提高全民文化修养的大型知识读本。该书在深入挖掘和整理中华优秀传统文化成果的同时，结合社会发展，注入了时代精神。书中优美生动的文字、简明通俗的语言、图文并茂的形式，把中国文化中的物态文化、制度文化、行为文化、精神文化等知识要点全面展示给读者。点点滴滴的文化知识仿佛颗颗繁星，组成了灿烂辉煌的中国文化的天穹。

希望本书能为弘扬中华五千年优秀传统文化、增强各民族团结、构建社会主义和谐社会尽一份绵薄之力，也坚信我们的中华民族一定能够早日实现伟大复兴！

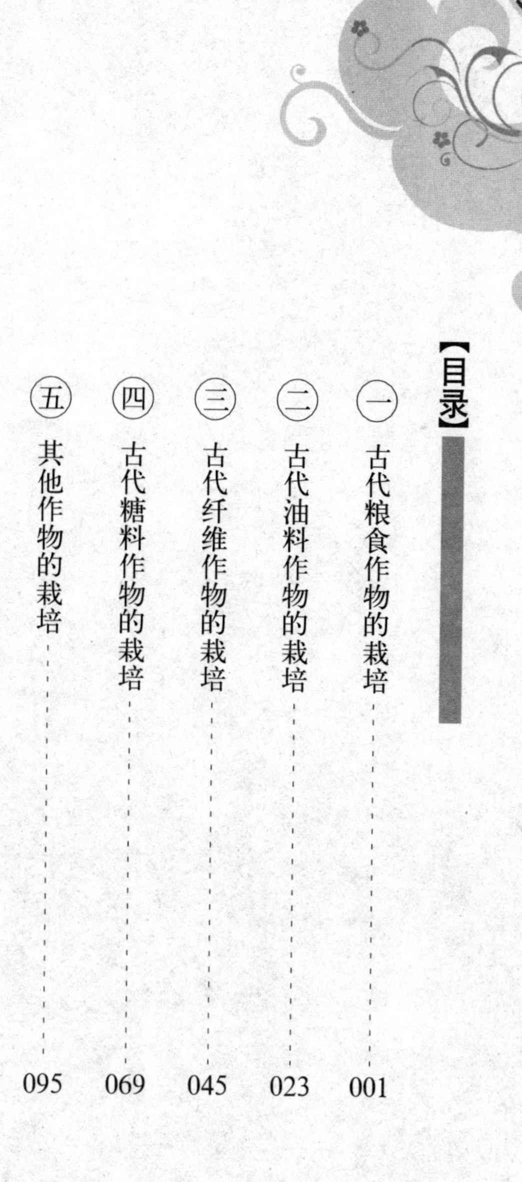

【目录】

一 古代粮食作物的栽培

雪后的水稻秸秆

(一) 水稻

中国栽培的水稻属亚洲栽培稻，其祖先为多年生的普通野生稻，在中国东起台湾桃园、西至云南景洪、南起海南省三亚县、北至江西东乡的广大区域内都有分布。中国野生稻的驯化、品种和栽培技术，都有十分悠久的历史。

野生稻被驯化成为栽培稻由来已久。浙江余姚河姆渡新石器时代遗址和桐乡罗家角新石器时代遗址出土的炭化稻谷遗存，已有七千年左右的历史。这些遗址当时的居民们都过着相对稳定的农耕生活，由此可推知，以迁徙为主的种稻业的产生应在此之前。

根据前三十余年的考古发掘报告，中国已在四十多处新石器时代遗址发现炭化稻谷或茎叶的遗存，尤以太湖地区的江苏南部、浙江北部最为集中，长江中游的湖北省次之，其余散布江西、福建、安徽、广东、云南、台湾等省。新石器时代晚期遗存在黄河流域的河南、山东也有发现。出土的炭化稻谷已有籼稻和粳稻的区别，表明籼、粳两个亚种的分化早在原始农业时期已经出现。上述稻谷遗存的测定年代多数较亚洲其他地区出土的稻谷为早，是中国稻种具有

炭化稻粒

水稻苗床

独立起源的证明。

由于中国水稻原产南方，大米一直是长江流域及其以南人民的主粮。魏晋南北朝以后经济重心南移，北方人口大量南迁，更促进了南方水稻生产的迅速发展。唐、宋以后，南方一些稻区进一步发展成为全国稻米的供应基地。唐代韩愈称“赋出天下，江南居十九”，民间也有

插秧

“苏湖熟，天下足”和“湖广熟，天下足”之说，充分反映了江南水稻生产对于满足全国粮食需求和保证政府财政收入的重要性。据《天工开物》估计，明末时的粮食供应，大米约占 7/10，麦类和粟、黍等占 3/10，而大米主要来自南方。黄河流域虽早在新石器时代晚期已开始种稻，但水稻种植面积时增时减，其比

婺源之春

重始终低于麦类和粟、黍等。

关于水稻的品种，中国是世界上最早有文字记录的国家。《管子·地员》篇中记录了十个水稻品种的名称和它们适宜生长的土壤条件。以后历代农书甚至一些诗文著作中也常有水稻品种的记述。宋代出现了专门记载水稻品种及其生育、栽培特性的著作《禾谱》，各地地方志中也开始大量记载水稻的地方品种，已是籼、粳、糯分明，早、中、晚稻齐全。到明、清时期，这方面的记述更详细，尤以明代的《稻品》最为著名。历代通过自然变异、人工选择等途径，陆续培育的特殊品种有别具香味的香稻，适于酿酒的糯稻，可以一年两熟或灾后补种的早熟品种，耐低温、旱涝和耐盐碱的品种以及再生力特强的品种等。

城边稻田

早期水稻的种植主要是“火耕水耨”。到东汉时，水稻技术有所发展，南方已出现比较进步的耕地、插秧、收割等操作技术。唐代以后，南方稻田由于曲辕犁的使用而提高了劳动效率和耕田质量，北方旱地在耕—耙—耱整地技术的影响下，逐步形成一套适用于水田的耕—耙—耖整地技术。到南宋时期，农书中对于早稻田、晚稻田、山区低湿寒冷田和平原稻田等都已提出整地的具体标准和操作方法，整地技术更加完善。

早期的水稻栽培都是直播。稻的移栽大约始自汉代，当时主要是为了减轻草害。以后南方稻作发展，移栽转而以增加复种、克服季节矛盾为主要目的。移栽先需育秧。农书提出培育壮秧的三个措施是："种之以时""择地得宜"和"用粪得理"，即播种要适时、秧田要选得恰当、施肥要合理。宋以后，历代农书对于各种秧田技术，包括浸种催芽、秧龄掌握、肥水管理、插秧密度等，又有进一步的详细叙述。秧马的使用对于减轻拔秧时的体力消耗和提高效率起了一定作用，此外还

水稻田

农民收获水稻

发明使用了“秧弹”“秧绳”以保证插秧整齐、合格等。

中国水稻的发展还与农田水利建设有密切关系。陕西省汉墓出土的陂池稻田模型中有闸门、出水口、十字形田埂等，生动地反映了当时稻田水源和灌溉系统的布局。在水稻灌溉技术方面，早在西汉书中已提到用进水口和出水口相直或相错的方法调节灌溉水的温度。北魏《齐民要术》中首次提到稻田排水干田对于防止倒伏、促进发根和养分吸收的作用。南宋时的《耕织图》，其中

插秧

耕图二十一幅，内容包括水稻栽培从整地、浸种、催芽、育秧、插秧、耘耥、施肥、灌溉等环节直至收割、脱粒、扬晒、入仓为止的全过程，是中国古代水稻栽培技术的生动写照。

水稻原产热带低纬度地区，要在短日照条件下才能开花结实，一年只能种植一季。自从有了对短日照不敏感的早稻类型品种，水稻种植范围就渐向夏季日照较长的黄河流域推进，而在南方当地就可一年种植两季至三季。其方式和演变过程包括:利用再生稻;将早稻种子和晚稻种子混播,先割早稻后收晚稻;实行移栽,先插早稻后插晚稻,发展成一年两收的双季间作稻。从宋代至清代,双季间作稻一直是福建、浙江沿海一带主要的耕作制度；双季连作稻的比重很小。到明、清时代，长江中游已以双季连作稻为主。太湖流域从唐宋开始在晚稻田种冬麦，逐渐形成稻麦两熟制，持续至今。为了保持稻田肥力，南方稻田早在4世纪时已实行冬季种植苕草，后发展为种植紫云英、蚕豆等绿肥作物。沿海棉区从明代起提倡稻、棉轮作，对水稻、棉花的增产和减轻病虫害都有作用。历史上逐步形成的上述耕作制度，是中国稻区复种指数增加、粮食持续增产，而土壤肥力始终不衰的重要原因。

在南方，水稻种植一年可进行二季至三季

春耕

(二) 小麦、大麦

考古发掘表明，新疆孔雀河流域新石器时期遗址出土的炭化小麦距今四千年以上；甘肃民乐县六坝乡西灰山遗址出土的炭化小麦，距今也近四千年。安徽省亳县钓鱼台遗址出土的炭化小麦，则表明西周时小麦栽培已传播到淮北平原。西汉《胜之书》记载：“夏至后七十日，可种宿麦”“春冻解，耕和土，种旋麦”，表明已经有“宿麦”(冬麦)和“旋麦”(春麦)之别。古籍中单称的麦字，多指小麦。以后随着大麦、燕麦等的推广，才用小麦以区别于其他麦类。发展过程从《诗经》反映麦作生产的诗歌中，可知公元前6世纪以前黄河中下游各地(今甘肃、陕西、山西、河南、山东等省)已有小麦栽培。春秋战国时，栽培地区继续扩大。据《周礼·职方氏》记载，当时种麦范围除黄淮流域外，已达到内蒙古南部。战国时期发明的石转磨在汉代得到推广，使小麦可以加工成面粉，从而进一步促进了小麦栽培的发展。江南的小麦栽培，较早见于东汉袁康《越绝书》的记载。《晋书·五行志》中反映元帝大兴二年(319 年)吴郡、吴兴、东阳禾麦无收，造成饥荒，说明 4 世纪初江苏、浙江一带小麦生产已有了较大的发展。其后由于中原战乱，北方人民大量南迁，特别是南宋初期江南麦的需求量大增、麦价激涨，更刺激了小麦生产。西南地区早期种植小麦的记载见于唐代樊绰《蛮书》。到明代，麦类种植几乎遍布全国，其在粮食作物中的地位已仅次于水稻。据《天工开物》记载：在北方“燕、秦、晋、豫、齐、鲁诸道，民粒食，小麦居半”，而在南方“西极川、云，东至闽、浙、吴、楚腹焉，种小麦者，二十分而一”。

收获时节

古代北方的小麦主要是通过多耕多耙和深耕细耙来防旱保墒，消灭杂草和害虫。西汉时关中干旱地区夏季休闲的秋种麦地，多在 5—6 月耕地蓄水保

麦浪滚滚

墒，通过较长时间的晒垡，促使熟化，耕后注重多耙摩平。在南方，南宋后随着稻麦两熟制的推广，稻茬麦田的耕地技术不断提高，《陈农书》中就有关于早稻收后耕地、施肥而后种豆麦蔬菇的记述。与北方重视蓄水保墒相反，排水是南方稻麦两熟制中种麦的关键问题。元代《王祯农书》和明代《农政全书》都较为详细地记述了收稻后作垄开沟、以利田间排水的技术，指出要做到垄凸起如龟背、雨后沟无积水，为小麦根系发育创造良好条件。在小麦播种方面，东汉《四民月令》提出，在田块肥力高低不同时应先种薄田、后种肥田。北魏《齐民要术》更明确指出

大平原美景

“良田宜种晚，薄田宜种早”，主张视土壤肥力情况确定播种期。中国古代还有耧犁、下粪耧种和砘车的发明，对促进小麦的生产起了重要的作用。又根据明末《沈氏农书》中的记载，在江南地区为争取稻茬麦田适时播种，创造了育苗移栽和小麦浸种催芽两种技术。清代还创造了迟播早熟的“九麦法”(即春化处理)，解决了北方秋季遭灾后的迟播问题。

(三) 大豆及豆类

大豆原产于中国，大豆的祖先野生大豆在中国遍布南北各地，某些地方至今还有采集以供食用和饲用。学术界公认中国是大豆的起源中心。到西周时，“菽”在《诗经》中多处出现，说明大豆已是重要的粮食作物。“豆”在古代原指食器，战国时少数文献中已用以代替“菽”字，但到秦、汉时才普遍用豆字。秦、汉以后，又因豆粒色泽的不同，而在大豆的名称前加上了黑、白、黄、青等字，作为某一品种的专名，大豆则成为其统称。

大豆因不易保存，考古发掘中发现极少。迄今仅有山西侯马出土的战国时期十粒尚未炭化的大豆，以及黑龙江宁安县大牡丹屯出土的炭化大豆，都是距今两千多年的实物。此外在河南洛阳烧沟的汉墓中发掘出距今两千年的陶仓，上有朱砂写的“大豆万石”四字，同时出土的陶壶上则有“国豆一钟”字样，都反映了中国种植大豆的悠久历史。

现代拉丁文、英文、法文、德文、俄文等大豆一词的发音，都是“菽”字的音转，也表明大豆原产于中国。但作为大田种植作物传播到欧美各国，则迟至18世纪以后才见普遍记载。20世纪初，大豆、茶、丝是中国三大出口产品。

西周、春秋时，大豆已成为仅次于黍稷的重要粮食作物。战国时，大豆与粟同为主粮。但栽培地区主要在黄河流域，长

大豆

大豆种植

江以南被称之为“下物”，栽种不多。两汉至宋代以前，大豆种植除黄河流域外，又扩展到东北和南方。当时西自四川，东迄长江三角洲，北起东北和河北、内蒙古，南至岭南等地，已经都有大豆的栽培。宋代初年，为了在南方备荒，曾在江南等地推广粟、麦、黍、豆等，南方的大豆栽培因此更为发展。与此同时，东北地区的大豆生产也继续增长，《大金国志》有女真人“以豆为浆”的记述。清初，关内移民大批迁入东北，又进一步促进了辽河流域的大豆生产。康熙二十四年(1685 年)开海禁，东北豆、麦每年

清初，东北地区已成为大豆的主要生产基地

输上海千余万石，可见清初东北地区已成为大豆的主要生产基地。

关于大豆和其他作物的间作混种，西汉就有记述。北魏时，黄河流域一带大豆和粟、麦、黍稷等的轮作已较普遍。《齐民要术》除记述了大豆和麻子混种以及和谷子混种外，还特别指出在桑园间作豆类，可以“润泽益桑”。清代蒲松龄则在《农蚕经》中提及豆、麻间作有利于麻的增产和防治虫害。古代对豆地的耕作和一般整地相仿，但因黄河流域春旱多风，多行早秋耕，以利保墒、消灭杂草和减轻虫害。同时对大豆虽能增进土壤肥力但仍需适当施肥、种豆时用草灰覆盖可以增产等也早已有所认识。

(四) 玉米

玉米原产于拉丁美洲。1492 年哥伦布发现新大陆后，把玉米带到西班牙，以后又由西班牙传遍全世界。玉米传入中国大约在 16 世纪中叶以前。

玉米

中国关于玉米的记载，最初见于明代嘉靖三十四年(1555 年)的《巩县志》；首先作出详细叙述的则是成书于嘉靖三十九年(1560 年)的《平凉府志》："番麦，一曰西天麦，苗叶如蜀秫而肥矮，末有穗如稻而非实，实如塔，如桐子大，生节间，花垂红绒，在塔末长五、六寸，三月种，八月收。"据描述的形态可知，番麦就是玉米。李时珍《本草纲目》中也有"玉蜀黍种出西土，种者亦罕"的记载，说明当时玉米栽培还不普遍。

玉米传入中国后，就由华南、西南、西北向国内各地传播。因为是新引入的作物，每在一地推广，当地便给它取一名称，因而玉米的异称甚多。除称番麦、西天麦、玉蜀黍外，还有包谷、六谷、腰芦等名称。据 18 世纪初纂修的《盛京通志》记载，当时辽沈平原也已有种植。刚引进栽培时，除山区外一般都用作副食品。由于玉米的适应性较强，易于栽培

颗粒饱满的玉米

管理，且春玉米的成熟期早于其他春播作物，未全成熟前又可煮食，有利于解决粮食青黄不接的问题，因而很快成为山区农民的主粮。18 世纪中叶以后，人口大量增加，入山垦种的人日益增多，玉米在山区栽培因此有了很大发展。19 世纪后，由于商品经济发展，经济作物栽培面积不断扩大，加以全国人口大幅度增殖，北方地区又有水源局限，粮食生产逐渐难以满足需要，玉米栽培发展到平原地区。到 20 世纪 30 年代，玉米在全国作物栽培总面积中已占 9.6%，在粮食作物中产量仅次于稻、麦、粟居于第四位；50 年代起，玉米栽培有更大发展，播种面积远

平原地区适合玉米栽培

远超过了粟而跃居第三位。

在栽培技术方面，清代《三农纪》中说玉米“宜植山土”，并介绍点播、除草、间苗等经验。《洵阳县志》中说山区种玉米，“既种惟需雨以俟其长，别无壅培”，反映了当时栽培玉米不施肥料和粗放的管理措施。直到18世纪后期至19世纪末，随着玉米栽培面积的不断扩大，栽种技术才逐渐向精耕细作的方向发展。在清代《救荒简易书》中，已讲到不同土宜施用不同粪肥、不同作物的宜忌和茬口等。在长期的生产实践中，各地农民还分别选育了不少适应各地区栽植的地方品种，仅据陕西《紫阳县志》所

晾晒中的玉米

记,19 世纪中叶，该县常种的玉米就有“象牙白”“野鸡啄”等多种。在东南各省丘陵、山区,玉米逐渐分化为春播、夏播和秋播三种类型。此外,在田间管理、防治虫害等各方面也有进步。到 20 世纪,随着现代农业科学技术的应用，玉米栽培又进入了新的发展阶段。

二 古代油料作物的栽培

芝麻开花

中国古代植物的油料种类丰富。中国古代所利用的植物油料见于记载的达二十四种之多，其中草本十八种、木本六种。目前，我国的油料作物主要为：芝麻、油菜、花生等三种。它们成为重要油料作物的时间大致为：芝麻在汉代，油菜在宋代，花生在清代中叶。

(一) 芝麻

芝麻古称胡麻，茎呈方形，也称方茎；又因子多油，细似狗身之虱，因此也有脂麻、油麻和狗虱之称。此外，还有巨胜、藤宏、鸿藏、交麻等异名。芝麻之名到宋代才见于书本，后沿用至今。

芝麻在我国的栽培起源，过去一般

认为是公元前2世纪（前汉武帝时），张骞出使西域时，由大宛（现今的中亚细亚）引进来的。这种说法，始自11世纪（北宋）沈括著的《梦溪笔谈》记载："张骞自大苑（宛）得油麻之种，亦谓之麻，故以胡麻别之。"但在我国其他史籍资料里，对此并没有确切的论证。1956—1959年，浙江省文物管理委员会在太湖流域的吴兴钱山漾和杭州水田畈这两处遗址的出土文物中都发现有炭化芝麻种籽。据考证这些芝麻的年代，相当于公元前770年—480年（春秋），比张骞通西域早两百至五百年。可见，我国栽培芝麻的历史，至少已有两千多年了。

芝麻

中国古代芝麻类型很多，种子颜色除黑、白两色外，还有赤色的。曾长期被列为谷类，用来充饥，故有"八谷之中，惟此（芝麻）为良"之说。芝麻用作油料的历史也很久远，宋代《鸡肋编》说"油通四方，可食与燃者，惟胡麻为上"，说明宋代以前芝麻油已成为食油和燃料油的上品。到明代，《天工开物》说"其为油也，发得之而泽，腹得之而膏，腥膻得之而芳，毒厉（恶疮）得之而解"，其用途更趋向多样化。

芝麻花

我国芝麻栽培分布十分广泛，最先在黄河流域种植，后遍及全国，并逐渐传播到朝鲜、日本、东南亚等亚洲邻国。从公元前 8 世纪到公元前 1 世纪的六七百年间，自东南太湖流域到西北关中平原，都有芝麻栽培。古农书对芝麻栽培管理也有较详细的描述，据《氾胜之书》和 6 世纪（后魏）的《齐民要术》记载，芝麻已有大田栽培。《齐民要术》是 6 世纪我国后魏时期的一部重要农业科学典籍，在其中将黄河中、下游地区的芝麻栽培技术，最早作了较为系统的总结：春芝麻的播种期（农历）“二、三月为上时，四月上旬为中时，五月上旬为下时，种欲截雨脚”。播种方法有撒播和条播：“耧耩者炒沙令燥，中和半之”“胡麻相去一尺、区种、天旱常灌之”“漫种者、先以耧耩、然后散子空曳劳”。

宋代发展了中耕技术，提倡早锄和多锄，明代又总结得出开荒种芝麻有利于消灭草害。清代在茬口安排方面，认为“稻田获稻后种麻最宜”，但多年种苏子之地“不宜脂麻”，更“忌重茬、烂茬”。棉田套芝麻“能利棉”。在中耕除草方面，不仅强调了及时中耕除草和间苗是芝麻增产的技术关键，而且总结提出一套具体的技术标准和质量要求。如唐时的《经历撮要》中说："凡种诸豆与油麻、大麻等，若不及时去草，必为草所蠹耗，虽结实亦不多。"南宋时期的《陈敷农书》总结长江下游种芝麻的经验是："油麻有早、晚二等。三月种早麻，才甲折，即耘钼（锄），令苗稀疏；一月凡三耘钼，则茂盛。七、八月可收也。"说明芝麻务须早锄、早间苗。早锄的时期，当芝麻真叶刚绽开时即应开始，随后还需再锄。及至清朝的《三农纪》，更对芝麻中耕锄草经验作了进一步总结，提出："苗生二三

芝麻

寸，耡一遍，匀其苗，每科宜离尺余，并者去之；苗高四五寸，密耡芸根；七八寸，再加耘耡，总以多耨为佳。”正因为我国历代农民积累了丰富的经验，所以至今各地都有许多像“芝麻花，头三抓”“露头扒，紧三遍”等农谚，指导着芝麻的中耕除草工作。

芝麻

《齐民要术》中对芝麻收获的方法进行了总结：“以五六束为一丛，斜倚之，候口开。”意思就是到田间进行脱粒，每三日打一次，分四五遍抖打才结束。这是利用后熟作用，尽量减少脱粒损失的好办法，至今民间还在应用。至清代晚期芝麻的亩产量“约收五六斗”，荒地种芝麻则“亩收二石有奇”。出油率一般为“每石可得四十斤”，高的可达六十斤。

此外，16世纪（明）的《本草纲目》中也记载有：“胡麻即麻也，……节节结角，长者寸许，有四棱六棱者，房小而子少；七棱八棱者，房大而子多。皆随土地肥沃而然。”又说：“有一茎独上者，角缠而子少；有一枝四散者，角繁而子多。皆因苗子稀稠而然也。”既阐述了芝麻的一些主要性状，又指出了这些性状是与栽培有密切关系的。这对现今的芝麻育种和栽培都有实际意义。

油菜花

我国芝麻栽培的历史经验尽管有一定的阶级局限性和时代局限性，但它是以广大劳动人民丰富的实践经验为基础的，是我们伟大祖国宝贵农业遗产的一部分，不仅反映了我们民族有悠久的文化，而且现在仍有其科学价值。

(二) 油菜

油菜是人类栽培的最古老的农作物之一，因其籽实可以榨油，故有油菜之名。油菜古称芸薹，相传最初栽培于塞外芸薹戍，因而得名芸薹，也称胡菜。

油菜分白菜型和芥菜型两种。白菜型油菜又分为南方油白菜和北方小油菜两种。南方油白菜是由白菜演化而来。白菜古名菘，原产于江淮及其以南

南方油白菜

地区，始为菜蔬，南宋时发展为掐薹为蔬、收子榨油的蔬油兼用的优良菜类。北方小油菜起源于地中海沿岸和中国西北地区，称为芸薹、胡菜或寒菜。唐《本草拾遗》始见有用北方小油菜的种子榨油的记载。芥菜型油菜则是由芥菜演化而来。中国古代的油菜，据清代《植物名实图考》记载，主要有两种：一种是“味浊而肥、茎有紫皮，多涎微苦”的油辣菜，即芥菜型油菜；另一种是“同菘菜，冬种生薹，味清而腴，逾于莴笋”的油青菜，即白菜型油菜，早期都作蔬菜栽培。

我国是油菜起源地之一，公元前3世纪《吕氏春秋》中谈到当时油菜种植的

北方小油菜

地区："菜之美者，阳华之芸"；高诱注："阳华，山名，在吴、越之间。芸，芳菜也。"表明我国农民种植油菜已有悠久的历史。宋代《图经本草》说："始出自陇、氐、胡地"；明代《本草纲目》也说："羌、陇、氐、胡，其地苦寒，冬月多种此菜，能历霜雪，种自胡来，故服虔《通俗文》谓之'胡菜'"，说明今青海、甘肃、新疆、内蒙古一带，是油菜最早的分布地区。近已在甘肃秦安大地湾新石器时代遗址中发现有距今七八千年的芸薹属（可能是油菜、白菜或芥菜）种子，可证明中国油菜栽培的古老。考古学家在陕西半坡新石器时代遗址里，发掘出在陶罐中的已经炭化的大量的菜籽，其中就有油菜的原始类型——白菜籽和芥菜籽，经测定距今近七千年。湖南长沙马王堆西汉古墓出土的农作物中，有保存完好的芥菜籽，种皮黑褐色，圆球形，直径多在1.5毫米左右，有明显的种脐、种蒂和网纹，和现今栽培的油菜籽完全相同。

反映公元前3000年夏代历书的《夏小正》中有“正月采芸，二月荣芸”的记述。意思是说春分前后开始采摘采薹，农历二月油菜就开花了。芸，即后人栽培的油菜。起源于我国的芥菜型油菜和白菜型油菜，大约在公元前即已传入日本，主要供作蔬用；直至10世纪《本草和名》书

人勤春光美

中才记有“芥子”，开始供作榨油。

北魏时贾思勰在《齐民要术》中曾说到收油菜种子，但没有说明收子的目的，而书中指明以榨油为目的的作物为胡麻、麻子、芜菁、荏子等，可能油菜在当时还是一种蔬菜作物。宋代始有将芸薹作油料的记载。《图经本草》说：“油菜形微似白菜，……结荚收子，亦如芥子，但灰赤色，出油胜诸子。油入蔬清香，造烛甚明，点灯光亮，涂发黑润，饼饲猪易肥，上田壅苗甚茂。秦人名菜麻，言子可出油如脂麻也。”文献著录中芸薹改称油菜，正反映了这一作物利用目的的改变。油菜在江南发展，并利用冬闲稻田栽培，也始于宋代。到元代，《务本新书》已有稻田种油菜的明确记载。明、清时期，进一步认识到稻田冬种油菜，不仅能提高土地利用率、获得油料，还有培肥田土、促进粮食增产的作用。因而油菜在长江流域迅速发展，至清末，已出现了“沿江南北农田皆种，油菜七成，小麦三成”的局面。

中国古代油菜栽培，最初用的是“漫撒”的直播法。据《齐民要术》注称，黄河流域作菜用的油菜“性不耐寒，经冬则死，故须春种”。长江流域则可冬

芥菜籽

播。稻田种油菜多行垄作，以利排水。明代从直播发展到育苗移栽，并采用了摘薹措施，《农政全书》中总结的“吴下人种油菜法”，集中地反映了当时已相当精细的栽培技术，包括播前预制堆肥、精细整地和开沟作垄、移栽规格、苗期因地施肥、越冬期清沟培土、开春时施用薹肥和抽薹时摘薹等。到清代中叶，又出现了点直播栽培，并掌握了“宜角带青”的收获时期。油菜的产量，据明代有关文献记载，亩收约在一二石之间；出油率大致为30—40%。在栽培管理方面，古人主要抓了以下几个方面：一是防旱保墒，主要是北方。《齐民要术》提道：“旱则畦种水

晨光无限美

油菜茎枝茂盛，繁花似锦

浇。”二是抗寒防冻。油菜是越冬作物，入冬前（十一月）需锄地、壅根，明《神隐书》指出：若“此月培壅，来年菜不茂。”三是掐薹摘心和锄草施肥。薹可供作蔬，摘心“则四面丛生”“花实益繁”和“结子繁衍”，“削草净，浇不厌频，则茂盛”（《便民图纂》语）。四是适时收获。油菜炸荚，落粒性强，古农谚提道：“黄八成，收十成。”

此外，油菜茎枝茂盛，繁花似锦，花期又长，在油菜绽花、角果初孕的暮春初夏季节，一望无际金色斑烂的油菜田铺锦叠翠，令人心旷神怡。古来诗人墨客喜欢把菜花描绘为花中一景：“春时

盛开的油菜花

菜花丛开，自天直高岭遥望，黄金作埒，碧玉为畴，江波摇动，恍若河洛图中，分布阴阳爻象，海天空阔，极目杳然，更多象外意念。”(高濂《四时幽赏录》)“积雪初消，和风潜扇，万顷黄金，动连山泽，顿觉桃花净尽菜花开”(吴其浚《植物名实图考》)。在油菜盛花季节，“骚人韵士，携酒赏之”(周文华《汝南圃史》)。浓郁芬芳的菜花香气也招来辛勤酿造的蜜蜂，它既有助于发展家庭副业，为人类带来“甜蜜”，又为油菜花辅助授粉，提高了结果率和菜籽产量。

(三) 花生

“麻屋子，红帐子，里面睡着白胖

子”。这一则打“花生”的谜语，把花生的形象，比喻得十分生动有趣。花生又名落花生，因“藤生花，落地而结果”得名，也称长生果。此外还有万寿果、落地参、及地果、番豆、地豆等名。

落花生

中国有关花生的最初记载是元末明初的《饮食须知》：“近出一种落花生，诡名长生果，味辛苦甘，性冷，形似豆荚，子如莲肉。”历史上都认为是从海外传来。如清《三农纪》说：“始生海外，过洋者移入百越。”但 20 世纪 50 年代浙江吴兴县钱山漾新石器时代遗址出土了芝麻和花生种子。现学术界对花生的来源尚无定论。明代江苏南部已有种植。弘治年《常熟县志》《上海县志》以及正德元年(1506 年)的《姑苏县志》等方志均有种植花生的记载。此后，清初张璐《本经逢原》、屈大均《广东新语》中又先后提到福建和广东有花生，可知东南沿海是中国花生的早期栽培地，其中又以苏南栽培最早。到清代中期，花生栽培已几乎遍布全国各地。

花生最初是作为一种直接利用的食品。明末《天工开物》所列油料中，就无花生。花生作为油料的记载始见于《三农纪》：“炒食可果，可榨油，油色黄浊，饼可肥田。”说明大约在18世纪时，花生已成为一种油料。花生的产量，清末《武陵土产表》记载“每亩约收三石”，出油率为“花生重十五六斤，制油三斤半”；《抚郡农产考略》记载“亩收四五百”，出油率“花生百斤，可榨油三十二斤”，说明20世纪初期，花生的单产水平已经不低，但出油率不高，这可能和当时榨油技术水平有关。

清末以前，中国栽培的花生都是壳长寸许，皱纹明显，每荚有实三四粒的中粒花生（称龙生）以及每荚两粒为主的小

花生秧苗

粒种(称珍珠花生)。19 世纪 80 年代才开始出现大粒种花生(称大洋生),最初由外国传教士从美国传到山东蓬莱县,由于收获省工、产量高,发展很快。到 20 世纪初,在广东等地区大粒种的栽培已超过小粒种。

花生

花生是“国货”还是“舶来品”,学术界尚有争论。从以往的资料来看,现在人们所种的花生即大粒花生,原来生长在美洲的巴西、秘鲁一带。至今南美的荒原上,仍有多种野生花生在那里生长。美洲土著居民培植花生始于何时很难考究,但在秘鲁近来发现的两千多年前的印第安部落的古墓中,已有花生作陪葬。可见花生在美洲的历史之久远。不过,对欧亚大陆来说,种植花生却仅是近四百年的事。1492 年,哥伦布发现新大陆以前,南美当地居民已种植花生,随着新大陆的发现,花生便逐渐传往世界各地。

大约在 15 世纪末或 16 世纪初,葡萄牙人来到大洋彼岸的秘鲁寻宝,把花生带回了欧洲故乡,种在西班牙南部和葡萄牙等地。同时,也把花生带到非洲。在那里,炎热少雨的气候,含沙带碱的泥土,为花生的生长提供了理想的温床。一百年后，花生成了非洲大陆上普遍种植的作物，竟与土著庄稼平分秋色。据说，花生也是葡萄牙、西班牙商人带到东印度群岛，再由此地传入印度而后至我国。

落花生

大约在 15 世纪晚期到 16 世纪初期，花生从南洋群岛引入我国。最初只在沿海各省种植。在明孝宗弘治十五年(1502 年)的《常熟县志》中有"三月栽，引蔓不甚长，俗云：花落在地，而生之土中，故名"的记述。这是我国最早关于花生的记载。明嘉靖年间(1522—1566 年)，徐渭的《渔鼓词》中也有过关于花生的记载："洞庭橘子凫茨菱，茨菰香芋落花生，娄唐九黄三白酒，此是老人骨董羹。"

日本的花生是由我国传去的。据《蔬菜大全》记述："日本距今 230 余年，由我国得种，始行栽植"。该书写于 1935 年，向前推算，花生大约在清顺治年间由我国输出日本。故日本人称花生为"南京豆""唐人豆"。

不过，目前有学者考证，我国也是花生原产地之一。

魏晋时期成书的《三辅黄图》，是记载汉代长安古迹的专著。其中写道"汉武帝元鼎六年，破南越，起扶荔宫，以植所得奇草异木……槟榔、橄榄、千岁子、甘橘皆百本”。南越，指今广东、广西等地。从这段记载可知，起码在秦汉之际，两广和海南一带已经种植花生。而且在汉武帝时候，花生已经千里迢迢，从两广沿海落脚关中大地，距今已有两千一百多年。由此可知，大荔花生种植历史之悠久了。据西晋嵇含(304 年撰)《南方草木状》中记载：“千岁子，有藤蔓出土，子在根下……壳中有肉如栗，……干者壳内相离，撼之有声，似肉豆蔻，出交趾。”《南方草木状》是我国最早的植物学文献之一。交趾，在今岭南一带。它已准确地介绍了花生的特性，并且指出它产于

大荔花生

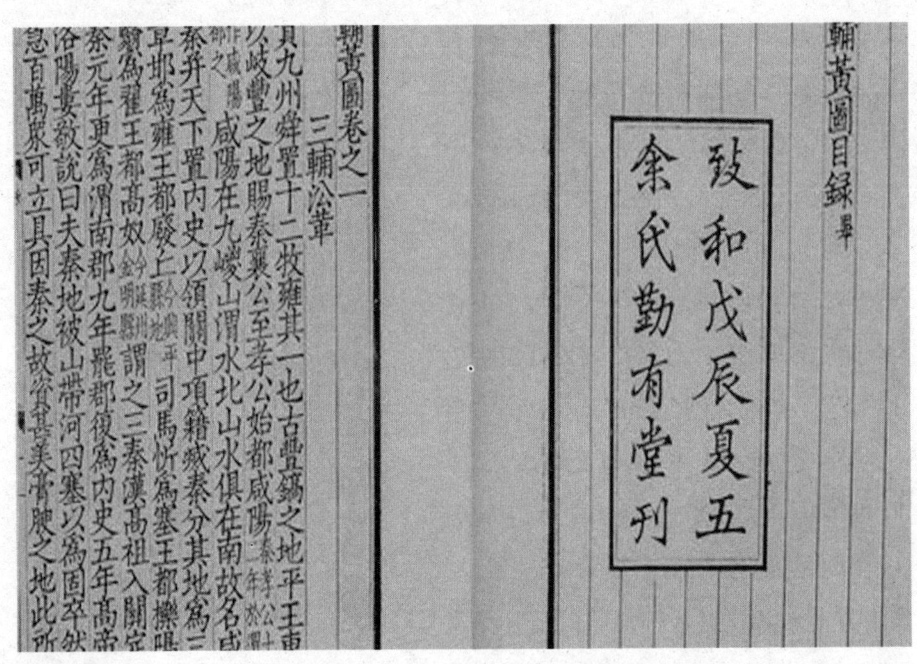
輔黃圖目録

致和戊辰夏五
余氏勤有堂刊

三輔黃圖卷之一
三輔沿革
禹貢九州舜置十二牧雍其一也古豐鎬之地平王東
以岐豐之地賜秦襄公至孝公始都咸陽
咸陽在九嵕山渭水北山水俱在南故名咸
秦并天下置內史以領關中項籍滅秦分其地為三
章邯為雍王都廢丘 司馬欣為塞王都櫟陽
董翳為翟王都高奴 謂之三秦漢高祖入關定
秦元年更為渭南郡九年罷郡復為內史五年高帝
洛陽婁敬說曰夫秦地被山帶河四塞以為固卒然
急百萬衆可立具因秦之故資甚美膏腴之地此所

《三辅黄图》

岭南，从而印证了《三辅黄图》的记载信而不虚。

南宋范成大《桂海虞衡志》中写道："千岁子如青黄李，味甘。"这是范氏任静汇(今广西桂林)知府，1175 年经岭南一带入蜀，详记沿途所见风物。另据南宋周去非《岭外代答》一书中说："千岁子丛生，如青黄李，味甘。"该书是周氏在宋孝宗淳熙年间(1174—1189 年)，任桂林通判时，详记两广一带的风物。范、周二氏的这两条记载基本相同，虽较简单，但都是亲眼见闻，实属可信。又一次证明两广一带早有千岁子。

到了元代，才开始称其为落花生或

长生果。如贾铭所著《饮食须知》中记述："落花生，诡名长生果，味辛苦甘，性冷，形似豆荚，子如莲肉。"清代康熙年间，汪灏诸人的《广群芳谱》一书，仍称花生为"千岁子"。清代《汇书》也说："落花生者，花落地即结果实于泥土中，奇物也。实而似豆而稍坚硬，炒熟食之，似松子之味。"

另从考古材料来看，1958 年，在浙江省杭州小和山发掘出的古文物中，有多种作物种子。其中也有花生种子，据鉴定可能系新石器时代的遗物。另外，在浙江省湖州市钱山漾新石器遗址也发现过炭化的花生籽粒。1962 年，在江

炭化花生籽

青青花生地

西修水的古文化遗址中，发现了四颗新石器时期炭化的落花生种子，其中一颗长 11 毫米，宽 8 毫米，距今已四千三百年。

关于花生的栽培技术，明代《汝南圃史》已有关于种、收时期，施肥及土宜等方面的记述。明末出现了“横枝取土压之”的培土措施。清代实行条播或穴播、开深沟排水灌溉等方法，并已认识到花生有固氮能力。

三 古代纤维作物的栽培

(一) 棉花

早在公元前 5000 年，甚至公元前 7000 年，中美地区的人们就开始利用棉花，南亚次大陆地区利用棉花至少也有五千年的历史。我国至少在两千年以前，在广西、云南、新疆等地区已采用棉纤维作为纺织原材料。起初，人们并未认识到棉花究竟有什么经济价值。古代著名的阿拉伯旅行家苏莱曼在其《苏莱曼游记》中记述，在今天北京地区所见到的棉花，当时还是在花园里被作为“花”来观赏的。《梁书·高昌传》记载：其地有“草，实如茧，茧中丝如细纩，名为白叠子”。由此可见，现在纺织工业的重要原料棉花，最

一望无际的棉田

棉花植株

初是被人们当做花、草一类的东西看待的。

历史文献和出土文物证明，中国边疆地区各族人民对棉花的种植和利用远比中原早，直到汉代，中原地区的棉纺织品还比较稀奇珍贵。唐宋时期，棉花开始向中原移植。目前中原地区所见最早的棉纺织品遗物，是在一座南宋古墓中发现的一条棉线毯。元代初年，朝廷把棉布作为夏税（布、绢、丝、棉）之首，设立木棉提举司，向人民征收棉布实物，据记载每年多达十万匹，可见棉布已成为主要的纺织衣料。明朝也力征收棉花、棉布，出版植棉技术书籍，劝民

棉田

植棉。从明代宋应星的《天工开物》中所记载的“棉布寸土皆有”“织机十室必有”，可知当时植棉和棉纺织已遍布全国。

清末，中国又陆续从美国引进了陆地棉良种，替代了质量不好产量不高的非洲棉和亚洲棉。现在中国种植的全是各国陆地棉及其变种。

棉花传入我国，大约有三条不同的途径。根据植物区系结合史料分析，一般认为棉花是由南北两路向中原传播的。南路最早是印度的亚洲棉，经东南亚传入海南岛和两广地区，据史料记载，至少在秦汉时期，之后传入福建、广东、四川等地区。第二条途径是由印度经缅甸传入云南,时间大约在秦汉时期。第三条途径是非洲棉经西亚传入新疆、河西走廊一带,时间大约在南北朝时期,北路即古籍“西域”,宋元之际,棉花传播到长江和黄河流域广大地区,到13世纪,北路棉花已传到陕西渭水流域。

正史记载东汉末年间,棉花已在我国云南栽种,至清有一千多年历史,清乾隆三十年(1765年)四月,河北保定直隶总督方观承将棉花种植、纺织及练染的全过程工笔绘画十六幅,每幅图后面配以说明文字,装裱成《棉花图册》,在册首恭录清圣祖康熙的《木棉赋并序》,

结铃期的棉花

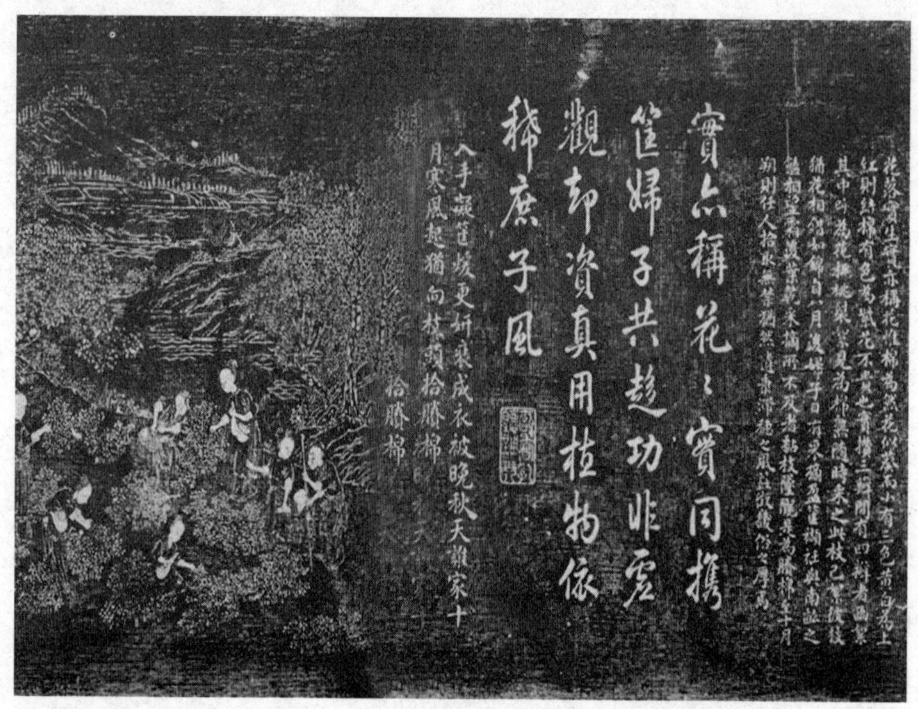

《御题棉花图》

呈送乾隆皇帝御览。同月，乾隆应方观承的请求，为《棉花图册》的每幅图分别题了七言律诗一首，共计十六首，同时准予将方观承所作诗句附在每幅图的末尾。方观承将经过乾隆御题的《棉花图册》正式定名为《御题棉花图》，并精心临摹副本，镌刻于珍贵的端石之上。在刻石之时，方观承增添了《方观承恭进棉花图册折》《方观承恭缴御题棉花图册折》及《方观承御题棉花图跋》三文。七月，方观承将《御题棉花图》交回宫中，从此，《御题棉花图》的原本即“藏在深宫人未识”，只有《御题棉花图》石刻留在了直隶总督。

清亡以后，棉花图石刻流散到了保定的两江会馆，1954 年由河北省博物馆收藏。准确地说，民间流传的、通常人们所见到的，并不是《御题棉花图》，而是《御题棉花图石刻》的拓本。

《御题棉花图》翔实地记录了 18 世纪中叶我国北方（冀中地区）棉花种植和利用的经验，是研究我国农业科技史、植棉史、棉纺织史的重要资料，而且绘画精细，构思严谨，创意新颖，将枯燥的生产示意图与绘画艺术巧妙地结合，因而使此图具有很高的历史价值、艺术价值和科学价值。

《棉花图》

我国栽培棉有四个栽培种，即起源于亚非大陆的亚洲棉(也称树棉、中棉)和草棉(即非洲棉)；起源于美洲大陆及其沿海岛屿的陆地棉和海岛棉。中国古代无“棉”字，到南宋才出现“棉”字。元代《王祯农书》中“绵”“棉”混用，到明代则多作“棉”。

我国植棉的历史，大约可分为四个阶段。

1.多年生木棉的利用

中国最早提到棉花的古籍是在《尚书·禹贡》篇，“淮海惟扬州，……岛夷卉服，厥篚织贝”。所述“卉服”，常被解释为用棉布做的衣服。此外，记述棉花的文献，还有《后汉书》《蜀都赋》《吴录》《华阳国志》《南州异物志》和《南越志》等。其中说的木绵树、吉贝木、古贝木、梧桐木、古终藤等可能指的是棉花。有些古文献中记述的白或白叠，指的也是棉花，有时也指用棉织的棉布。上述名称，多从古代梵语、阿拉伯语、马来语、古突厥语等音译而来的。这时有西方传教士等零星携带陆地棉种子来华。"古贝木"，先见于《南州异物志》，南州指今华南的一些地方。其他各地种的全为纤维较短的亚洲棉。《吴录》称木绵树产在交趾安定县，即今广西和越南北部一带。《华阳国志》所述

采棉

梧桐木产地在永昌郡，使植棉技术达到了新的高度。即今云南省西部，可见5世纪前的棉花产地主要在今华南和西南一带。关于棉的形态，《吴录》中提到说"……高丈，实如酒杯，当时，口有绵"，是指多年生棉。又因"古贝木""梧桐木"等都以木字命名，华南、西南地区冬季气候温暖，深根短干，棉在这里可以经冬不凋，因此，可信5世纪以前文献中所指的棉是多年生木棉。

2.一年生棉的引种

一年生棉在西北地区最早见于新疆。明代《农政全书》记载："精拣核，早下种，棉在这里可以经冬不凋，深根短

棉田

棉花落

干，稀科肥壅。”总结了明末及以前的植棉技术。当时，实如酒杯，长江三角洲已进行稻、棉轮作，据《吴录》说：“……高丈，以消灭杂草、提高土壤肥力和减轻病虫害。”很多棉田收获后播种黄花苜蓿等绿肥，关于棉的形态，或三麦、蚕豆等夏收作物，可见5世纪前的棉花产地主要在今华南和西南一带。据唐初纂修的《梁书·西北诸戎传》说：“高昌国……多草木，近百年间才兴盛起来。草实如茧，茧中丝如细，江汉平原植棉业兴起稍晚于长江三角洲。名为白叠子。国人多取织以为布，推动了上海一带手工棉纺织业的兴起，布甚软白。”高昌为今新疆吐鲁番一带地方。新疆民丰县东汉墓出土文物中有3世纪时的棉织品，说明那时当地可能已有植棉，且棉的地位已大大超过丝、麻。

到15世纪前期，华南地区种植一年生棉花在《旧唐书·南蛮传》和《新唐书·南蛮传下》中就有记载。元贞二年(1296年)又颁布江南税则，根据元代《王祯农书》记述，规定木绵、布、丝绵、绢四项同列为夏税征收的实物。“一年生棉其种本南海诸国所产，后福建诸县皆有，近江东、陕右亦多种，提倡植棉，滋茂繁盛，与

棉花种子

本土无异。到元至元二十六年(1289年)”。说明一年生棉是从南海诸国引进,逐渐在沿海各地种植,进而传播到长江三角洲和陕西等地的。

3.13世纪后植棉的发展

长江流域栽棉，最初是从福建引入。南宋时,江南有些地方已种植较多,并向黄河流域扩展。到元至元二十六年(1289年),政府在浙东、江东、江西、湖广、福建分别设置专门机构——木绵提举司,提倡植棉,近江东、陕右亦多种,并命每年向百姓征收棉布十万匹。明邱浚在《大学衍义补》中说:棉花“至我朝,

古代棉织品

其种乃遍布于天下，地无南北皆宜之，人无贫富皆赖之”。新疆巴楚县晚唐遗址中发掘到棉布和棉子，经鉴定为草棉的种子。原来中国的丝和麻是主要的衣被原料，到明中叶后，棉的地位已大大超过丝、麻。元初，上海人黄道婆改革家乡的纺织工具和方法，生产较精美的棉布，推动了上海一带手工棉纺织业的兴起，也对长江三角洲的植棉业起了促进作用。江汉平原植棉业兴起稍晚于长江三角洲。河南、山东、河北诸省约在16世纪中叶后才种植较多；陕西关中发展最晚，近百年间才兴盛起来。这一时期棉花的栽培技术和田间管理也日趋进步。创造了棉、麦套作等农作制，使植棉技术达到了新的高度。

4.陆地棉的引种和推广

19 世纪以前，即今广西和越南北部一带。除西北地区有少量草棉种植外，其他各地种的全为纤维较短的亚洲棉。19 世纪后期机器纺织业在中国兴起，需要纤维较长的棉为原料。这时有西方传教士等零星携带陆地棉种子来华，散发给农家试种，但数量极少。大规模引种陆地棉的是清湖广总督张之洞。他于 1892 年和 1893 年两次从美国购买陆地棉种子，在湖北省东南十五县试种。辛亥革命后，北洋政府农商部及山东、江

宋代王居正《纺车图》(局部)

20 世纪初的纱厂旧址

苏等省也曾先后从美国输入陆地棉种子推广，记述棉花的文献，但都未取得成果。1919 年，上海华商纱厂联合会从美国引进八个棉花品种，在全国二十六处进行比较试植，厥篚织文。选定脱字棉和爱字棉两个品种在全国推广。1933 年，中央农业实验所通过品种区域试验，选定斯字棉 4 号和德字棉 531 号两个品种，又先后从美国引进隆字棉、珂字棉和岱字棉等陆地棉品种。陆地棉种植面积已占全国棉田总面积的 52%，主要分布在黄河中、下游各地。但在长江流域则大多仍种亚洲棉。直至 20 世纪 50 年代，亚洲棉才被淘汰，完全栽种陆地棉。海岛棉

大麻种植

的引种始于20世纪30年代，近二三十年才在云南、新疆的南疆地区有较多栽培。

(二) 麻

中国古代种植的麻类作物，主要是大麻和苎麻；苘麻、黄麻和亚麻居次要地位。大麻、白叶种苎麻（又称中国苎麻）和苘麻原产于中国。说明要比有性繁殖的快得多。大麻至今还被一些国家称为"汉麻"或"中国麻"，至秋始可剥，而苎麻则被称为"中国草"或"南京麻"。

起源和传布。中国利用和种植麻类作物的历史悠久。在新石器时代的遗址中，就有纺织麻类纤维用的石制或陶制

麻织物

纺锤、纺轮等。据《种苎麻法》中的记载，浙江吴兴钱山漾新石器时代遗址中出土了苎麻织物的实物，证明中国利用和种植麻类的历史至少已有四五千年。甘肃永靖县大何庄和秦魏家出土的陶器上还有麻织物的印纹和印痕。河北藁城台西村商代遗址、陕西泾阳高家堡早周遗址等处也出土有大麻织物的实物。

在《诗经·陈风》中有"东门之池，可以沤麻"和"东门之池，古代多用粪肥壅盖，可以沤纻"等句，其中的麻指大麻，纻指苎麻。其他如《尚书》《礼记》《周礼》等古籍中，也有不少关于大麻和苎麻的记载，都说明中国种麻的历史久远。

苘麻的利用和种植至少已有两千五百年的历史。宜于周围掘取新科移栽，亚麻在古代曾称“鸦麻”，黄麻称为“络麻”或“绿麻”，有关这两种麻的早期记载见于北宋《图经本草》，说明在中国的种植至少也已有一千年左右。大麻由中国经中亚传到欧洲，苎麻在18世纪也已传到欧洲。

1.产区的扩展

先秦时期，大麻和苎麻主要分布在黄河中下游地区。据《尚书·禹贡》记载，当时全国九州的青、豫二州产枲（大麻），扬、豫二州产纻（苎麻），均作贡品。

苎麻

自汉至宋，大麻和苎麻的生产均有很大发展。大麻仍以黄河流域为主要产区，但南方也有推广。而麻不宜旱播，汉代在今四川和海南岛、南朝宋在国内曾推广种植大麻。大麻在长江流域发展很快，在今四川、湖北、湖南、江西、安徽、江苏、浙江等地已广泛种植，成为另一重要大麻产区。此外，云南和东北部分地区也有大麻种植。当时渤海国显州的大麻布就比较有名。厚皮，至宋元时期，大麻在南方渐趋减少。西汉《氾胜之书》中则已明确指出“种枲太早，至于苎麻”，但未指明是纤维用还是子实用。汉代在今陕西、河南等地较多，今海南岛和湖南、四川等地也有

苘麻

苘麻

分布。至迟在三国时，今湖南、湖北、江苏、浙江等地苎麻已有很大发展，一般能够一年三收。自唐开始，南方逐渐成为苎麻的主要产地。以苎麻为贡品的也主要在南方。宋元时期，苎麻在北方有一定减缩，但在南方沿海地区则有较大发展。形成北麻（大麻）南苎的趋势。宋末元初，棉花生产在黄河流域和长江流域逐渐发展，明清时期，仍对麻类的生产有所提倡，清代在江西、湖南等地又形成了一些新的苎麻产区。

苘麻、亚麻和黄麻在古代麻类作物

中比重都较小，苘麻和亚麻主要在北方种植，黄麻则主要分布在南方。总的是分布不广，处于零星种植状态。

2.用途的多样化

中国古代主要是利用麻的纤维织布，麻布是棉布普及前一般人民最主要的衣着原料。麻纤维还很早就被用作造纸原料，1957 年，曾在西安灞桥西汉早期墓葬中发现一片麻纤维制成的残纸，说明在东汉蔡伦以前，可能已知用麻纤维造纸。此外，麻纤维还被用来制作毯被、雨衣、麻鞋等。清代在江西、湖南等地又形成了一些新的苎麻产区。麻类作物

苘麻根可入药

的某些部分在古代也作食用。汉以前曾把大麻子列为五谷之一。明清时苎麻的根和苘麻子都是救荒食物。一些麻类作物的种子常被用作饲料和肥料，榨油供食用或作涂料、燃料。大麻的子和花、苎麻的根和叶、亚麻子和黄麻叶还都可供药用。

3.栽培技术

中国古代在大麻和苎麻的栽培技术方面，都有丰富经验。宋元时期，《管子·地员》篇中提出“赤垆”和“五沃之土”适宜种麻，说明至迟在战国时期已对适宜大麻生长的土壤有所认识。大麻

亚麻子

是雌雄异株植物，雄麻以利用麻茎纤维为目的，雌麻以收子为目的，二者的栽培技术各不相同。《吕氏春秋》“审时”“任地”两篇中都提到种麻，汉代在今陕西、河南等地较多，但未指明是纤维用还是子实用。西汉《氾胜之书》中则已明确指出：“种枲太早，则刚坚，至宋元时期，厚皮，多节；晚则皮不坚。宁失于早，不失于晚。”东汉《四民月令》提到“二三月可种苴麻”“夏至先后各五日，可种牡麻(即雄麻)”。到北魏时《齐民要术》已将纤维麻和子实麻分开叙述；明确指出苴麻宜早播，但麻不宜早播，二者收获都在“穗勃、

麻织物

麻织物

勃如灰”之后即开花盛期进行，可获得最好的纤维和较高的产量。至于麻田的间作、套种一般指苴麻田。自汉至宋，大麻的食用和衣着用在古代都同样重要，均作贡品。以后随着芝麻、花生等的扩种，扬、豫二州产纻（苎麻），食用大麻日益减少。当时全国九州的青、豫二州产枲（大麻），而衣着用大麻也因棉花的扩种，逐渐转为造纸原料。

苎麻分为有性繁殖和无性繁殖两种繁殖方法，据明代《农政全书》的记载

大麻叶

已知二法各有利弊，各有所用。无性繁殖有分根、分株和压条三种方法，分株和压条最早见于《农桑辑要》。黄麻称为“络麻”或“绿麻”，《三农纪》更明确指出“苎已盛时，亚麻在古代曾称‘鸦麻’，宜于周围掘取新科移栽，说明采取分株的目的，除此之外，《诗经·卫风》“衣锦褧衣”句中的“褧”字，也为使本株繁盛。当时常把这三种方法综合运用于老苎园的更新和新苎的繁殖。中国利用和种植麻类作物的历史悠久。种种资料证明，无性繁殖要比有性繁殖快得多。

四 古代糖料作物的栽培

(一) 甘蔗

甘蔗的起源说法不一，现在人们公认的有三个原始栽培种：中国种(又称竹蔗)、热带种和印度种。甘蔗属的中国种可以肯定是起源于中国。中国栽培甘蔗历史悠久。甘蔗的近缘植物在我国分布很广，类型也相当多，甘蔗亚族中九个属植物都有，主要的甘蔗属即野生种割手蜜(甜根子草)及竹蔗在北起秦岭、南至海南岛的地区内均有广泛分布。公元前4世纪后期《楚辞·招魂》中提到“柘浆”一词，后来“柘”字衍作“蔗”，公元前2世纪司马相如《子虚赋》有“诸柘”一词，“柘”和“诸柘”都是甘蔗的古称，说明中

甘蔗地

国很早已知食用蔗浆。甘蔗还有其他古称，如薯蔗、竿蔗等，都是从甘蔗最早的利用形式——“咀咋”时的音义演化而来的。而且甘蔗的命名，纯粹是按我国驯化植物的习惯来命名的，没有加上引进植物的“胡”“番”“洋”和外来地名，也不译音。中国古代还用甘蔗作祭品，《太平御览》引东晋卢谌《祭法》中有“冬祀用甘蔗”的记载；范汪《祠制》中有初春祭祀用甘蔗的规定，也都反映出中国是最早利用甘蔗的国家之一。

中国的甘蔗栽培经历了从华南地区逐步向北推移的过程。汉代以前，已推进到今湖南、湖北地区；到唐宋时代，

甘蔗地

卖甘蔗

甘蔗已分布于今广东、四川、广西、福建、浙江、江西、湖南、湖北、安徽等省区，且已有商人进行运销；明清时，甘蔗分布北进至今河南省汝南、郾城、许昌一带，范围更加广泛。

关于中国古代甘蔗栽培技术，汉代以前缺乏具体记载。三国以后直至唐代主要栽培春植蔗，已能根据品种的特性，因地制宜地分别栽培于大田、园圃和山地，并已注意到良种的繁育和引种。宋元以后，随着甘蔗加工利用技术的发展，甘蔗在农作物中的地位有所提高，栽培方法也更加进步。在耕作制度方面采用与谷类作物轮作为主的轮作制，有的地方种谷三年再回复种蔗，以恢复地力和抑制病虫害。种蔗土地强调“深耕”“多耕”。选种强调“取节密者”，以利多出芽。在灌溉方面也积累了不少宝贵经验，如元代《农桑辑要》提到栽蔗后必须浇水，但应以湿润根脉为度，不宜浇水过多，以免“渰没栽封”，即要防止浇水过多，破坏土壤结构。到明代时，甘蔗栽培技术又有发展。如《天工开物》提到下种时应注意两芽左右平放，有利于出苗均匀；《番禺县志》述及棉花地套种甘蔗，可以提高土地利用率和荫蔽地面，抑制杂草；《广东新语》介绍的用水浸种，待种苗萌芽后栽种，以及剥去老叶，

甘蔗种植

成熟的甘蔗

使蔗田通风透光等经验，至今仍有参考价值。

在战国时，中国对甘蔗的利用，已从直接用口咀嚼茎秆而吸饮其汁，发展到用简单工具榨取蔗浆，作饮料或用于烹调、解酒。以后进一步把蔗浆加工浓缩为“蔗饴”“蔗饧”和“石蜜”。前两者仍属液态糖，后者已是固态糖。汉代《异物志》说石蜜“既凝，如冰”，可知石蜜应是片糖之类的加工品。《西京杂记》曾述及“闽越王献高帝石蜜五斛”，说明公元前 3 世纪以前，中国已能生产“石蜜”。湖南省马王堆一号西汉墓出土的简牍有“唐(糖)一笥”

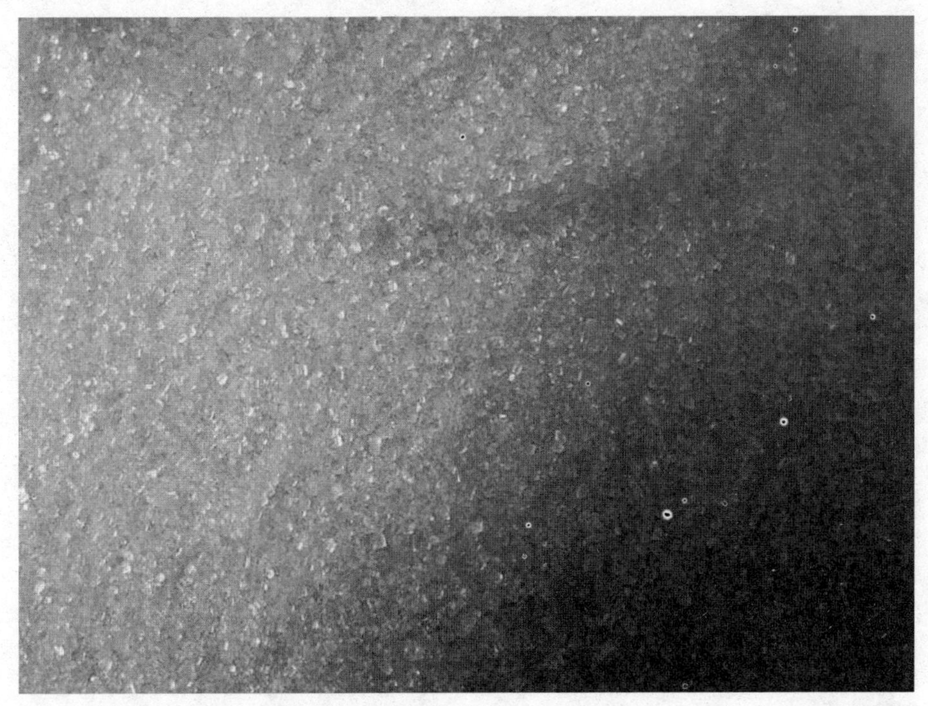

蔗糖粉末

的记载；出土的竹笥中也有“糖笥”木牌。当时的糖能贮放在竹笥中，说明应是固态蔗糖。

关于砂(沙)糖的产生，历史上有过长期的争论。宋代陆游《老学庵笔记》中曾引茂德的话，认为“沙糖中国本无之，唐太宗时外国贡至，……自此中国方有沙糖”。此后谈论中国蔗糖历史者，多以此为据，认为中国蔗糖制造始于唐太宗时代，而制造技术则从当时外国摩揭陀传入。但另外也有文献可证，汉代已出现“沙糖”一词，东汉时张仲景曾用以调制“青木香丸”。南北朝时陶弘景《本草经集注》则有“取(蔗)汁为沙糖甚益人”的记载。均说明在唐太宗以前中国早有砂糖生产，可能是唐太宗时派人学习摩揭陀的先进制糖技术，使中国砂糖的质量得到了提高。白砂糖的记载，始见于《旧五代史》,《天工开物》则详细地记载了白糖的生产方法。

冰糖又名糖冰或糖霜,宋代王灼《糖霜谱》认为冰糖的制造方法是唐大历年间由僧人邹某传授给遂宁蔗农的。宋代冰糖生产已很普遍，而以遂宁地区最为著名，生产的大块冰糖重达 10—15 千克。

中国古代除用甘蔗制糖外，还用来

冰糖

古代，甘蔗可以用来酿酒

酿酒、造醋、造纸、制香料等。《隋书·南蛮传》有赤土国“以甘蔗作酒”的记载。利用蔗渣造醋，见于《糖霜谱》中，说明这种利用方式最迟在12世纪以前已经产生。

自1953年在海南建立杂交育种场以来，我国大陆各地甘蔗科学研究单位相继开展了甘蔗新品种的选育和研究，迄今已育成一百多个甘蔗品种供生产使用，推动了我国蔗糖事业的发展。如广东的粤糖57–423、86–368，广西的桂糖11号、桂15，福建的闽糖70–611，云南的71–388、89–151等。1998—1999年

甘蔗林

全国面积最大的五个品种为：桂糖 11、新台糖 10 号、选三、粤糖 63-237、新台糖 16，分别占全国总面积 21.04%、9.27%、8.72%、6.77%和 6.53%。

甘蔗育种需要有性杂交，而繁殖则是无性繁殖。品种内的每株甘蔗都是相同的基因型，除非偶然发生突变，否则非常一致。目前，世界各国育成的品种是 3—5 个甘蔗原种的杂交后代，继而进行品种间杂交和回交育成，基本上是同质遗传型组成品种的再组合，故导致甘蔗品种近亲繁殖，遗传基础狭窄，血缘相近，致使近 30 年来甘蔗育种在产量、糖分和抗性等方面一直难有较大突破。因此，世界甘蔗育种界十分注重甘蔗种质资源的搜集、研究和利用，以期扩大血缘，丰富遗传基础，创造有突破性的亲本材料和优良品种。

目前，甘蔗的分布主要在北纬 33°至南纬 30°之间，其中以南北纬 25°之间，面积比较集中。如以温度线为世界蔗区的分布是年平均气温 17℃—18℃的等温线以上。甘蔗的垂直分布在赤道附近可达 1500 米。

在我国云南的滇西南蔗区，海拔已达 1500 米—1600 米。我国地处北半球，

甜菜

甘蔗分布南从海南岛，北至北纬33°的陕西汉中地区，地跨纬度15°；东至台湾东部，西至西藏东南部的雅鲁藏布江，跨越经度达30°，其分布范围广，为其他国家所少见。我国的主产蔗区，主要分布在北纬24°以南的热带、亚热带地区，包括广东、台湾、广西、福建、四川、云南、江西、贵州、湖南、浙江、湖北等南方十一个省、自治区。20世纪80年代中期以来，我国的蔗糖产区迅速向广西、云南等西部地区转移，至1999年广西、云南两省的蔗糖产量已占全国的70.6%。

(二) 甜菜

甜菜古称忝菜，属藜科甜菜属。甜菜种内又分为野生种和栽培种。甜菜野生种的种类多且分布广，分类亦不统一。野生甜菜遍长于亚洲和欧洲的沿海地带。大约在公元初期，罗马人为得到甜菜根，开始栽培红甜菜和白甜菜；另一些人则为得到甜菜叶，栽培了野生甜菜。后来罗马的侵略者，把长大根的甜菜带到北欧。16世纪末，英、德将红甜菜作为食物广泛食用，而把白甜菜用为草料，后来并发现白甜菜含糖量很高。糖甜菜起源于地中海沿岸的野生种演变而来。经长时期人工选择，到公元4世纪已出现白甜菜

红叶甜菜

和红甜菜。公元8—12世纪，糖甜菜在波斯和古阿拉伯已广为栽培，其栽培品种后又由起源中心地传入高加索、亚细亚、东部西伯利亚、印度、中国和日本。但当时主要以甜菜的根和叶作蔬菜用。1747年，德国普鲁士科学院院长A.马格拉夫首先发现甜菜根中含有蔗糖。他的学生F.C.阿哈德通过进一步的人工选择，于1786年在柏林近郊培育出块根肥大、根中含糖分较高的甜菜品种。这是栽培甜菜种中最重要的变种，也是世界上第一个糖用甜菜品种。1802年，世界上第一座甜菜制糖厂在德国建立。

甜菜园

19 世纪初，法、俄等国相继发展了甜菜制糖工业。

甜菜作为糖料作物栽培始于 18 世纪后半叶，至今仅两百年左右历史，是一种年轻的作物，在我国还不足一百年。现在世界甜菜种植面积约占糖料作物的48%，次于甘蔗而居第二位，分布在北纬

甜菜种植

65° 到南纬 45° 之间的冷凉地区。1985 年全世界甜菜播种面积为 874 万公顷，其中以欧洲最多，其次为北美洲，亚洲占第三位，南美洲最少。生产甜菜的国家有四十三个，总产量达 27788.7 万吨，其中前苏联、法国、美国、波兰和中国等种植较多，中国 1985 年的总产量为 809.1 万吨。

甜菜种植

甜菜目前在欧美种植最成功。欧美现阶段的甜菜种子是100%的杂交种、100%单芽种，育种规模宏大、手段先进。国内的甜菜育种工作源于20世纪50年代从东欧引进的育种材料，目前这些材料的开发利用已相当充分。国内的育种水平要提高，品种要上新台阶，必须在充分利用国内现有的育种材料基础上加强国际合作。在目前所有的农作物中，甜菜是与国外先进种植国差距最大的作物。

据史料记载，我国大面积引种糖用甜菜始于1906年。先在东北试种，1908年建立第一座机制甜菜糖厂后渐向其他地区推广。而后，1916–1921年在我国华北的部分省区引种试种成功。1936–1940年又在新疆、甘肃、陕西等西北地区相继引种成功。新中国建立初期，甜菜种植面积达到23万亩。经过几十年的发展，目前我国甜菜种植省、自治区达十余个，面积达650万–850万亩。全国有甜菜制糖厂近九十座，年生产砂糖120–180万吨，约占全国砂糖产量25%。甜菜主产区集中在我国东北、华北、西北等内陆或边疆省区，它对发展当地的经济起到了积极作用。今后一段时间内，由于农业结构调整，甜菜种植面积可能有所下降。因此，今后甜菜生产和科学研究发展的重点仍将是以稳定甜菜含糖率，提高单位面积产量为主。近五十年以来，我国自育并经审定的甜菜新品种一百一十多个。由于我国甜菜种植区域东西跨度大，生态条件不同，所以目前在生产中推广的甜菜品种仍有近二十个。主产区在北纬40°以北，包括东北、华北、西北三个产区，其中东北种植最多，约占全国甜菜总面积的65%。这些地区都是春播甜菜区，无霜期短、积温

甜菜

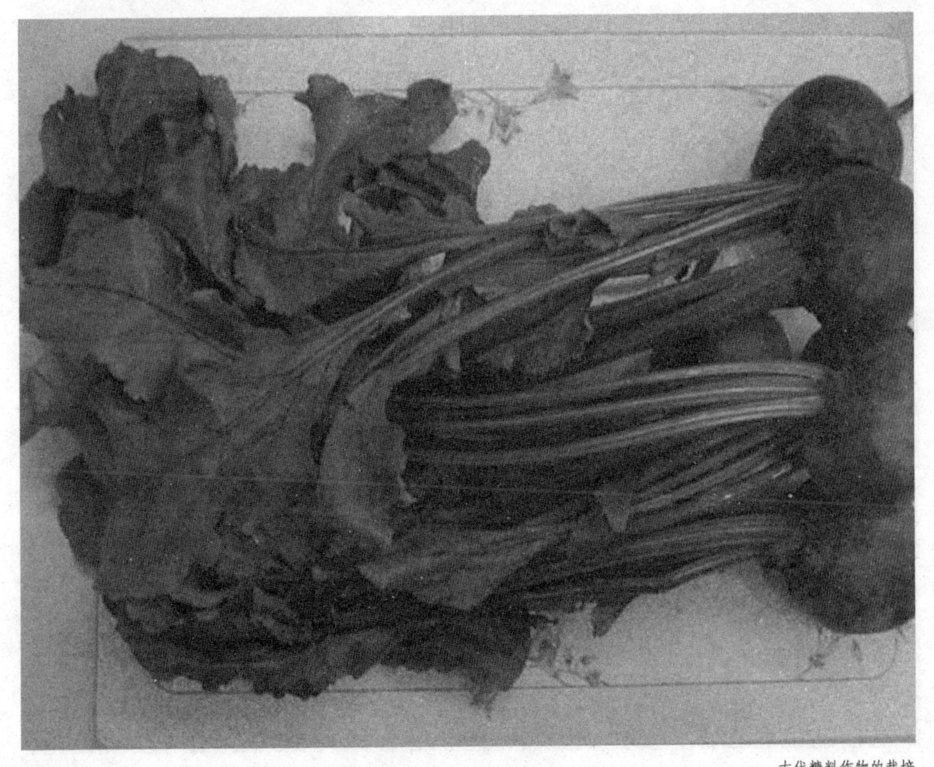

较少、日照较长、昼夜温差较大，甜菜的单产和含糖率高、病害轻。在西南部地区，如贵州省的毕节、威宁，四川省的阿坝高原，湖北省的恩施和云南省的曲靖等地，虽纬度较低，但由于海拔高、气候垂直变化大，也均属春播甜菜区。黄淮流域夏播甜菜区是中国近年发展起来的新区，面积仅占全国甜菜总面积的 5.5%。

新疆是我国主要的甜菜产区，以春播为主，甜菜种植始于 20 世纪初，最初由原苏联侨民将种子引入伊犁地区零星种植，生产水平很低。种植甜菜的目的主要作熬制糖稀的饲料用。1958-1959 年，一些地方办起日加工甜菜 20-30 吨的

新疆是我国主要的甜菜产区

甜菜种植厂区

小糖厂，这样作为机制糖原料的甜菜开始集中规模种植，总产原料2.85万吨。1959年，日处理甜菜1000吨的石河子八一糖厂建成投产，甜菜开始大规模种植，当年面积达1.06万公顷左右。主要集中在玛纳斯、石河子、沙湾一带，单产水平低，糖厂原料不足。70年代中期，甜菜大规模种植扩展到南北疆及伊犁地区。80年代，甜菜委员会扩大到南北疆广大地区，甜菜成为新疆大型产业。尤其是80年代末，新疆被列为国家甜菜制糖基地后发展更快，到1996年，全疆糖厂达十六座，总产达354.52万吨，产

甜菜茎叶是理想的多汁绿色饲料

糖36.34万吨。从1959-1998年,经过四十年发展,甜菜面积增加了7.2倍,单产提高2.3倍,总产提高26.3倍,产糖提高28.3倍,甜菜制糖业已成为新疆大型优势产业,甜菜制糖业产值占轻工总产值的1/4以上,位居全国第一位。

甜菜浑身都是宝。甜菜的主要产品是糖。糖是人民生活不可缺少的营养物质,也是食品工业、饮料工业和医药工业的重要原料。除生产蔗糖外,甜菜及其副产品还有广泛开发利用前景。

1.甜菜茎叶的利用

甜菜的茎叶是理想的多汁绿色饲料,除含有牲畜所需的一般营养物质外,还富含胡萝卜素，能补充饲料中的甲种维生素之不足，增加其乳制品中甲种维生素的含量。甜菜茎叶还可以作为肥料还田，培肥地力，增加土壤中有机质含量。

2.菜根的利用

甜菜的块根水分占 75%，固形物占 25%。固形物中蔗糖占 16%–18%，非糖物质占 7%–9%。非糖物质又分为可溶性和不溶性两种：不溶性非糖主要是纤维素、半纤维素、原果胶质和蛋白质；可溶性非糖又分为无机非糖和有机非糖。无机非糖主要是钾、钠、镁等盐类；有机非糖可再分为含氮和无氮。无氮非糖有脂

甜菜根做的菜肴

饲料甜菜

肪、果胶质、还原糖和有机酸；含氮非糖又分为蛋白质和非蛋白质。非蛋白非糖主要指甜菜碱、酰胺和氨基酸。甜菜制糖工业副产品主要是块根内 3.5%左右的糖分和 7.5%左右的非糖物质以及在加工过程中投入与排出的其他非糖物质。

另外，除制糖甜菜外，还有其他类型甜菜被广泛种植。

(1) 饲料甜菜

它是 Beta 属普通甜菜组中普通甜菜的四个变种之一。饲料甜菜是一种专门作为养牛、养猪用的饲料作物，块根的含糖率较低，通常仅为 5-10 度，但产量较高，可达到 60-80 吨 / 公顷。在欧洲栽培面积较大。且有专门的饲料甜菜育种机构从事饲料甜菜品种的科学研究工作。为避免使甜菜制糖厂蒙受损失，欧洲一些国家规定饲料甜菜与糖甜菜的根皮颜色要有所区别。因此，饲料甜菜育种工作者将颜色基因导入到饲料甜菜的根皮中，使目前我们看到的饲料甜菜的块根具有各种颜色，如浅红色、浅粉色、金黄色、浅黄色等。

饲料甜菜块根多为圆柱型，三分之二以上在地上部。叶片数较少。根沟浅、光滑，收获时带土少。由于块根中除含一定的糖分外，还含有维持家畜正常生长发育所需要的各种维生素和碳水化合物、脂肪及矿物盐类，故它是一种营养价值较高的多汁饲料。它作为饲料作物，在我国有较好的开发前景。特别是随着我国人民生活水平的提高，牛奶的消费量将大幅度提高，必将带动乳牛业的发展，因此，饲料甜菜开发前景广阔。此外，饲料甜菜还是不可多得的遗传资源，可利用其良好的根形通过与糖甜菜杂交选育光滑根育种（球形根育种），或利用其丰产性基因选育丰产性材料。目前我国尚无专门的研究机构。国内仅有个别地区有少量种植，品种皆引自国

饲料甜菜块根

甜菜种类繁多

外,以前苏联为主。

(2) 叶用甜菜

俗称厚皮菜。叶片肥厚,叶部发达,叶柄粗长。具有较强的抗寒性及耐暑性。它可作为蔬菜食用或作为草药及饲料。

叶用甜菜是由近东地区的沿海甜菜中分离出来的,后来传入欧洲、印度、中国等。它是最早驯化栽培的一种甜菜,有人认为大约在四千年前,在美索布达米亚,第一个叶用甜菜原始类型被栽培。大约在公元 5 世纪从阿拉伯引入我国。在我国叶用甜菜主要分布在长江、黄河流

甜菜做的菜肴

域及西南地区种植。中国的叶用甜菜现已初步被划分为五种类型：白色叶用甜菜、绿色叶用甜菜、四季叶用甜菜、卷叶叶用甜菜和红色叶用甜菜。目前，叶用甜菜在个别地区仍作为蔬菜栽培。此外，叶用甜菜由于具有抗褐斑病性、抗逆性，所以在糖甜菜或饲料甜菜育种中常被利用。

(3) 食用甜菜

俗称红甜菜。根和叶为紫红色，因此也称火焰菜。块根可食用。类似大萝卜，生吃略甜，可作为配菜点缀在凉拌菜中，

红甜菜

或作为雕刻菜的原料,颜色非常鲜艳;也可做汤类菜。前苏联的许多国家将其作为一种蔬菜，仍有较大面积的种植。此外,还可作为观赏植物。食用甜菜其他的经济潜力尚有待研究和开发。

五 其他作物的栽培

(一) 烟草

烟草属于茄科烟属，目前已经发现的烟属有六十六种，分为黄花烟草、普通烟草、碧冬烟三个亚属，十四个组和六十个种。四十五个种原产于北美洲和南美洲；十五个原产于大洋洲的澳大利亚及其附近岛屿群不属于碧冬烟亚属。

烟草原产于美洲。至今发现的人类使用烟草的最早的证据，是成于公元432年的墨西哥贾帕思州倍伦克一座神殿里的浮雕，该浮雕展现了玛雅人在举行祭祀典礼时医管吹烟和头人吸烟。另一证据是考古学家在美国亚桑那州北部和桑那北部印第安人居住过的洞穴中，发现遗留的烟草和烟斗中吸剩的烟丝。

烟草种植

据考证，这些遗物的年代大约为公元650年左右。1492年，哥伦布发现美洲时，看到当地人把干烟叶卷着吸用。因此，在哥伦布到达美洲之前，烟草已是美洲的一种土产，并被印第安人广泛利用。随着航海与交通的发达，烟草逐渐传入世界各地。1558年，航海去美洲的水手将烟草种子带回葡萄牙，第二年传入西班牙。1560年，法国驻葡萄牙使者将烟草种子带回法国。1565年，烟草种子被带回英国。1585年，英国人从美洲带回烟草和烟斗，于是斗烟从英国逐渐传布到欧洲大陆。随后，吸烟风气开始盛行于西欧各国。16世纪传至欧洲。我国烟草栽培的起源和传布，根据可查到的历史资料，当时始于16世纪中叶。于16世纪中、后期到17世纪前期先后由南北两线分别引入中国。南线大致由吕宋、琉球经福建、广东而入内地。但南线还有经台湾而入大陆的。北线系由日本经朝鲜传入东北。中国、朝鲜两国虽曾以重刑严禁传输，但未能禁绝。引入后曾根据其外来语音和形态、味感等而有淡把菇、相思草、金丝烟(醺)、芬草、返魂烟(香)等多种名称。清代《烟草谱》记载:“干其叶而吸之有烟。故曰‘烟’。”

烟草种植

烟叶种植

烟草引进初期系作药用。清初《本经逢原》载:烟草“始入闽,人吸以祛瘴,而后北方(人)藉以辟寒”。清代厉鹗《樊榭山房集》载:“今之烟草,明季出自吕宋国。”明末清初的著作《景岳全书》《物理小识》《露书》等可资考证。在此之前的古书内还没有发现有关烟草的记载。明代名医张介宾(1563–1640年)所著《景岳全书》中所说:“此物自古未闻也,今自我明万历(1573–1620年)时始于闽广之间,自后吴楚间皆有种植矣。然总不若闽中者微黄质细明为金丝烟者力强气胜为优也。求其习服之治,则闻以征滇之役,师旅深入瘴地无不染病,独一营安然无恙，问其所以，则众皆服烟。由是遍传，而今则西南一方，无论老幼，朝夕不能间矣。”方以智《物理小志》(1664 年) 也有记载：“万历末，有携 (淡把姑) 至漳泉者，马氏造之曰淡肉果，渐传至九边，皆衔长管二火点吞吐之，有醉仆者。”《露书错篇下》亦有记载：“吕宋国出一草曰淡把姑，一名曰熏，以火烧一头，以一头向口，烟气从管中入喉，能令人醉，且可避瘴气。有人携漳州种之，今反多于吕宋，载入国中售之。”“淡把姑今莆中亦有之，俗名金丝蘸，叶如荔枝，捣汁可毒头蚤。”杨士聪在《玉堂荟记》中说道：“烟酒古不经见，辽左有事，乃渐有之，自天启年中始也，二十年来，北土亦多种汁……”

随着烟草生产的发展，栽培技术也日益提高。清初，《食物本草汇纂》已记载摘去烟草顶穗和叶间旁枝以促使叶厚味美的技术。18–19 世纪，又进一步对烟草所需的土肥条件有了较深的认识。如《种烟叶法》指出“种烟当以沙山为上，土山次之，平地又次之，田土为下”；《本草汇言》则指出了“肥粪，其叶深青，大如手掌”等。到光绪年间，南方稻作区的春烟经长期选育，发展成为冬烟生

含苞待放的烟草花朵

产,又为解决粮烟争地开辟了途径。

烟叶

自18世纪以后,我国烟制品逐渐增多,应用范围也渐广,制烟已趋向手工工业生产。如清乾隆时陆耀撰写的《烟谱》,对各地烟草生产情况就有详细的记载。嘉庆时陈琮辑成的《烟草谱》中有下列记载:“以百里所产, 常供数省之用”“衡烟出湖南,蒲成烟出江西,油丝烟出北京,青烟出山西,兰花香烟出云南,……水烟出甘肃之玉泉,又名西尖。”可见,清代中后期我国烟草栽培及工业加工已相当兴盛。另据包世臣《安吴四种－卷六》记述清道光九年山东济宁烟制品生产情况时说:“其生产以烟叶为大宗。业此者六家,每年买卖至白银二百万两。其工人四百余名。”说明当时制烟已渐趋手工业的工厂化生产。到18世纪末,出现了许多优质加工烟品。如湖南“衡烟”、江西“蒲城烟”、北京“油丝烟”、山西“青烟”、云南“兰花香烟”、浙江“奇品烟”、陕西、甘肃“水烟”即“西尖”等。

19世纪中叶,我国烟草商品化生产有所发展,上海、汉口、天津、广州、大连等大商铺的烟叶流转量已相当可观。据海关资料,19世纪90年代,仅上海一地年平均烟叶流转量即达25万担以上。由

茂盛的烟叶

于市场的扩大，也刺激了烟草生产的发展，许多地方制成了品质优良的烟草制品行销各地。如安徽的宿松、桐城，江西的赣县、九江，湖北的善化、黄冈以及江苏的苏州等，都是这一时期间发展起来的。

以上所指的都是晾、晒烟，至于我国烤烟栽培的历史较晚。烤烟在我国的传播和卷烟的输入，是随着帝国主义对我国的侵略和掠夺而同时发生的。1890 年(清光绪十六年)，美商老晋隆洋行开始贩运纸烟来我国销售，其后，美国烟草公司先后在港沪办过一些小厂，就地卷制，于是，吸用纸烟的习惯在我国形成。1902年，国际烟草托拉斯——英美烟草公司在伦敦成立后，向世界各地迅速扩展，在我国上海、天津、青岛、沈阳、营口、哈尔滨、汉口等地建立卷烟厂，并在上百个城市中设立推销网点，形成了一个垄断我国卷烟工业原料和销售市场的庞大机构。同时，我国民族资本的卷烟工业亦开始兴起。1905年，南洋兄弟烟草公司在香港创立，1926年在上海设厂，接着分支机构遍及全国各大城市。于是，我国市场上手工制造的土烟，逐渐为机制卷烟所代替。

由于卷烟工业的不断发展，为适应

烟草种植

卷烟工业对工业原料的要求，引进的烤烟品种开始在我国栽培。1900年，首先在台湾省种植。1910年，在山东威海孟家庄子一带试种，因为交通不便没有发展起来。1913年，在山东潍坊市坊子镇试种成功并予以推广。1915年在河南襄城县颍桥镇、1917年在安徽凤阳县刘府镇又先后试种成功。接着在辽宁凤城、吉林延吉也相继试种。在此期间四川、广东、福建、江西、浙江、湖北等省晒烟也有较大的发展。1937年，日本军国主义者侵略中国，烟草生产遭到破坏，我国各省缺乏卷烟原料，四川、贵州、云南等省遂在1937−1940年间相继试种烤烟，

烤烟

茶园

我国西南自此逐渐发展成为一大烟区。

(二) 茶

中国是最早发现和利用茶树的国家，被称为茶的祖国，文字记载表明，我们祖先在三千多年前已经开始栽培和利用茶树。茶树最早出现于我国西南部的云贵高原、西双版纳地区。但是有部分学者认为茶树的原产地在印度，理由是印度有野生茶树，而中国没有。但他们不知中国在公元前200年左右的《尔雅》中就提到有野生大茶树，1961年在云南省的大黑山密林中(海拔1500米)发现一棵高32.12米，树围2.9米的野生大茶树，这棵树单株存在，树龄约1700年。然而，同任何物种的起源一样，茶的起源和存在，必然是在人类发现茶树和利用茶树之前，直到相隔很久很久以后，才为人们发现和利用。人类的用茶经验，也是经过代代相传，从局部地区慢慢扩大开，又隔了很久很久，才逐渐见诸文字记载。

据考察，“茶”字最早出现在《百声大师碑》和《怀晖碑》中，时间大约在唐朝中期，806 年－820 年前后，在此之前，“茶”是用多义字“荼”表示的。

“荼”字的基本意义是“苦菜”，上古时期人们对茶还缺乏认识，仅仅根据它的味道，把它归于苦菜一类，是完全可

我国有着悠久的茶文化

采茶

以理解的，当人们认识到它与一般苦菜的区别及其特殊功能时，单独表示它的新字也就产生了。

世界第一部茶叶专著为唐代陆羽的《茶经》。陆羽，名疾，认真总结、悉心研究了前人和当时茶叶的生产经验，完成创始之作《茶经》。因此，被尊为茶神和茶仙。他因嗜茶而云游各地，采茶觅泉，躬身实践，多方搜寻和茶有关的资料，然后用简洁流畅的文字写成了《茶经》。《茶经》共三卷，从茶的起源、特性、种植环境、栽培方法到茶具、制茶方法、煮茶方法、茶的分类等做了系统的论述。《茶经》

不仅使人们更为了解茶叶，完善了茶文化的内容，传播了茶业科学知识，促进了茶叶生产的发展，开中国茶道的先河，也引起了后人对茶文化的重视。

自陆羽著《茶经》之后，茶叶专著陆续问世，进一步推动了中国茶事的发展。代表作品有宋代蔡襄的《茶录》，宋徽宗赵佶的《大观茶论》，明代钱椿年撰、顾元庆校的《茶谱》，张源的《茶录》，清代刘源长的《茶史》等。

天目湖茶叶种植园

自唐代陆羽的《茶经》到清末程雨亭的《整饬皖茶文牍》，专著共计一百多种。包括茶法、杂记、茶谱、茶录、茶经、煎茶品茶、水品、茶税、茶论、茶史、茶记、茶集、茶书、茶疏、茶考、茶述、茶辩、茶事、茶诀、茶约、茶衡、茶堂、茶乘、茶话、茶荚、茗谭等。

早在秦汉以前，我国四川一带已盛行饮茶。西汉时，茶是四川的特产，曾通过进贡传到京城长安，原来我国古代四川东鄂西就是茶树的发祥地，而这里正是三皇五帝最早生息之地。神农氏是"三苗""九黎"部族之首领。在《史记·吴起传》与《说苑》等古籍中有"三苗氏，衡山在其南，岐山其北，左洞庭之坡，右彭蠡之川"的记载，这说明神农氏的部族发源在四川东部和湖北西部山区，这正是今日大神农架的地域。在这样一个植被茂盛、至今还盛产茶叶的环境里，神农尝百草完全是可能的。后来，这些部族不断北移或东徙，西北才成为华夏政治中心，到舜帝禅让王位于大禹，氏族社会的政治中心已移到河南登封一带，前几年在该处王城岗发掘出夏代遗址遗物，大禹接位，并非一帆风顺，当初在江浙沿海治水，疏流入海，导苕溪、余不溪入太湖，克服了洪水之患。后又战败防风氏，逐渐北上。舜帝得知大禹治水有功，就让位于他。而“三苗”后裔不服，所以，《史记五帝本纪》有“三苗在江淮，荆州数为乱”的记

茶树嫩芽

采茶女

载。大禹治水在江南，史书也有根据：秦始皇统一中国后，曾“上会稽、祭大禹”，司马迁 20 岁时，也“登会稽，探禹穴”。所以，今日浙江绍兴留有大禹遗迹。夏禹原让位于“百虫将军”伯益，但为儿子夏启夺权，启有太康、仲康和少康三子，不断发生王位之争，到禹的第六代孙夏杼时政局统一、国力强盛，他曾率部南下寻根，至浙西、驻骅金斗山东南延峦妙峰一带，故这一带山称之为杼山。当时在山南至今尚留有避它城夏王村等遗迹。夏杼之后八代而衰，履癸（桀）为契灭，契建立先商世代。

从现存的历史资料也不难看出，氏

族社会“三苗氏”生息之地，产茶历代不衰，如南北朝时，《刘琨购茶书》中提到安州（今湖北安陆）；《桐君录》中提到酉阳（今湖北黄风东）、巴东（四川奉节）；《荆州土地记》中提到武陵（湖南常德），都盛产茶叶。唐代的史料中提到湖北江陵、南漳、四川彭景、安景、邛崃等地盛产茶。陆羽《茶经》中提到茶叶品质不详的十一州中就有鄂州即今湖北武昌。由此可见，《神农本草经》中“神农尝百草，日遇七十二毒，得茶而解之”的事应发生我国中原。即使从《王褒僮约》所记载的饮茶、卖茶的事实看来，我国汉代以前，川东鄂西地区生产和利用茶叶的事业已相当发

陆羽《茶经》

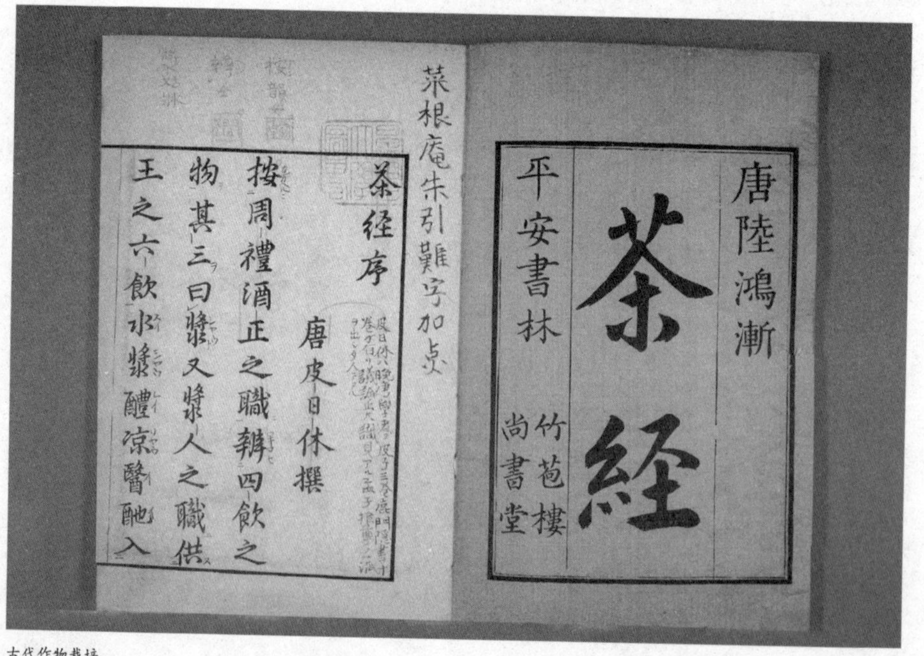
唐陸鴻漸
茶經
竹苞樓
尚書堂
平安書林

萊根庵朱引難字加点
茶經序
唐皮日休撰
按周禮酒正之職辨四飲之物其三曰漿又漿人之職供王之六飲水漿醴涼醫酏入

茶乡春光

达。人们不难设想从采野茶到人工栽培茶树，从自给自用到"产、供、销"的过程，需要多长年代。所以说，我国祖先发现利用栽培茶叶的历史是悠久的。

纵观中国茶叶史，中国茶叶经历了药用、食用、作酒及饮料几个阶段：以下让我们来切身体验一下茶叶历史的变迁。

茶叶的传说：传说是在公元前2737年，神农上山采药，那天我们的医药祖先边采边尝，不知不觉中已尝了近七十二种中草药。草药中的毒性令他觉得口干舌燥，浑身不舒服，于是便坐在树下

茶山风光

休息，正在这时，几片树叶飘落在他面前，凭着往常的习惯，他又捡起树叶放入口中尝试。令他惊奇的是，过了一会儿神农开始觉得身体舒畅起来，口也不渴了，浑身好像一下子轻松了下来，而口中的树叶还留给了他一口的清香。根据记载，茶叶在中国最早是作为药物使用的。在我国，传说茶是“发乎于神农，闻于鲁周公，兴于唐而盛于宋”。茶最初是作为药用，后来发展成为饮料。东汉时期的《神农本草经》是我国的第一部药学专著，自战国时代写起，成书于西汉年间。这部书以传说的形式，搜集自远古以来，劳动人民长期积累的药物知识，其中就有对以上故事的记载：“神农尝百草，日遇七十二毒，得茶而解之。”这里的荼是指古代的茶，这虽然是传说，带有明显的夸张成份，但也可从中得知，人类利用茶叶，可能是从药用开始的。

茶树原产于我国西南地区。早在三国时期(220—280 年)，我国就有关于在西南地区发现野生大茶树的记载。起初人们将大的茶叶放在水中煮，茶汤用作药用，嫩叶则作为蔬菜食用，随着时间的推移，茶慢慢成为一种珍贵的食品，只为皇家御用。

茶的珍贵，自然而然使其成为一种

茶山一景

漫山的茶树

晒茶

奢侈的饮品，有钱人士仅用它来宴请上宾。茶逐渐地发展成为了酒的替代品，魏晋南北朝开始出现了一些以茶养廉示俭的事例。

唐朝是封建文化的顶峰，也是茶文化形成的主要时期。茶的饮用从皇宫显贵、王公爵士直至僧侣道士、文人雅士、黎民百姓，全国上下几乎所有人都饮茶。茶的饮用越来越普遍，文人雅士嗜茶众多，开始将茶与诗词歌赋结合起来。如大诗人白居易，一生嗜茶，每天吃早茶（“起尝一瓯茗”《官舍》），午睡起一碗茶（“起来两瓯茗”《食后》），晚茶（“晚送一瓯茶”《管闲事》）。许多著名的诗词歌赋出现于那个时代。世界著名的第一本完整的茶书《茶经》也出于同期。同时，作茶的技术也随之而日益进步，人们饮茶的方式从原先的熬煮茶汤变成了只将沸水冲入干制的茶叶以得茶汤。茶成为了人们间交流的纽带、友谊的桥梁。人们喜欢聚在一起，泡壶好茶，吟诗作乐，享受好时光。

今天，越来越多的研究证明了茶叶的健康价值。茶，成为了和谐与温馨的象征。

中国是茶的故乡，制茶、饮茶已有几千年历史，名品荟萃，主要品种有绿茶、红茶、乌龙茶、花茶、白茶、黄茶。茶有健身、治疾之药物疗效，又富欣赏情趣，可陶冶情操。品茶、待客是中国人高雅的娱乐和社交活动，坐茶馆、茶话会则是中国人社会性群体茶艺活动。中国茶艺在世界享有盛誉，在唐代就传入日本，形成日本茶道。

饮茶始于中国。茶叶冲以煮沸的清水，顺乎自然，清饮雅尝，寻求茶的固有之味，重在意境，这是中式品茶的特点。同样质量的茶叶，如用水不同、茶具不同或冲泡技术不一，泡出的茶汤会有不同的效果。我国自古以来就十分讲究茶

饮茶始于中国

的冲泡，积累了丰富的经验。泡好茶，要了解各类茶叶的特点，掌握科学的冲泡技术，使茶叶的固有品质能充分地表现出来。

中国人饮茶，注重一个“品”字。“品茶”不但鉴别茶的优劣，也带有神思遐想和领略饮茶情趣之意。在百忙之中泡上一壶浓茶，择雅静之处，自斟自饮，可以消除疲劳、涤烦益思、振奋精神，也可以细啜慢饮，得到美的享受，使精神世界升华到高尚的艺术境界。品茶的环境一般由建筑物、园林、摆设、茶具等因素组成。饮茶要求安静、清新、舒适、干净。中国园林世界闻名，山水风景更是不可胜数。利

中国人饮茶，注重“品”字

凡来了客人，沏茶、敬茶的礼仪必不可少

用园林或自然山水间，搭设茶室，让人们小憩，意趣盎然。

中国是文明古国、礼仪之邦，很重礼节。凡来了客人，沏茶、敬茶的礼仪是必不可少的。当有客来访，可征求意见，选用最合来客口味和最佳茶具待客。以茶敬客时，对茶叶适当拼配也是必要的。主人在陪伴客人饮茶时，要注意客人杯、壶中的茶水残留量，一般用茶杯

泡茶

饮茶也可佐以茶食

泡茶，如已喝去一半，就要添加开水，随喝随添，使茶水浓度基本保持前后一致，水温适宜。在饮茶时也可适当佐以茶食、糖果、菜肴等，达到调节口味之功效。